AF322489

LES PHASÉOLÉES

DANS LA FLORE CHINOISE

LETTRE DU R. P. D'ARGY

DE LA COMPAGNIE DE JÉSUS

Au Directeur des Etudes religieuses, historiques et littéraires.

PREMIÈRE PARTIE

PARIS

CHARLES DOUNIOL, LIBRAIRE-ÉDITEUR

29, RUE DE TOURNON, 29

1865

Extrait des *Études religieuses, historiques et littéraires*,
Numéro de Juin 1865.

LES PHASÉOLÉES

DANS LA FLORE CHINOISE

Lettre du R. P. d'Argy au Directeur des *Études religieuses, historiques et littéraires*.

Mission du Pou-tong septentrional, 19 mars 1865.

Pour satisfaire au désir de quelques personnes amies, désir qui est pour nous un ordre, je viens aujourd'hui vous soumettre quelques aperçus sur l'une des branches de la botanique chinoise, dont la connaissance peut fournir le plus d'applications utiles à nos pauvres populations ouvrières de France et venir en aide à nos campagnes laborieuses. J'offre ces quelques notes à Votre Révérence afin que, si vous les jugez dignes de quelque attention, vous puissiez les reproduire en tout ou en partie dans l'estimable revue à laquelle depuis longtemps vous donnez votre direction, votre travail et vos soins. Je veux parler, comme vous le comprenez sans doute, de vos *Études religieuses, historiques et littéraires*, qui pourront donner asile, comme elles l'ont fait déjà sur des matières analogues, au relevé de quelques observations faites par un missionnaire dans ses moments perdus et ses jours de repos, au milieu des incessants travaux apostoliques départis aux Pères de la Compagnie de Jésus par le Saint Siège dans la mission du *Kiang-nan*.

Je vous prie, en tout cas, de vouloir bien tenir ces notes à la disposition de Son Excellence le maréchal Vaillant, ministre de la maison de l'Empereur, et membre libre de l'Académie des sciences. C'est sur sa demande pressante, qui me fut communiquée par une lettre de M. l'abbé de Serré, aumônier de la marine française, et qui a été renouvelée depuis verbalement au R. P. Basuiau, procureur des missions de Chine de la Compagnie de Jésus, à Paris, que je me suis occupé de faire la collection de graines utiles qui seront l'objet de cette petite dissertation. Depuis plusieurs années, j'avais déjà réuni une bonne partie des documents qui figurent ici, ainsi que plusieurs autres que je pourrai, je l'espère, compléter et vous envoyer dans la suite. Il n'a pas tenu à moi que Son Excellence pût voir réaliser plus tôt ses désirs. J'avais fait un envoi de graines de haricots chinois que le Maréchal avait demandées, et, par une erreur qu'il m'était impossible de prévoir, elles se sont détournées de leur route lorsqu'elles étaient sur le point d'arriver à leur destination. Toutefois, la collection de cette année, quoique plus tardive, pourra du moins avoir cet avantage d'être plus complète, mieux choisie et en outre accompagnée de renseignements précis qui, si je ne me trompe, mettront le lecteur à même de reproduire, s'il le veut, dans notre France, ce que l'on fait ici à la Chine, pour tirer profit des nombreuses phaséolées que le sol produit en abondance et comme par surcroît des autres récoltes.

« Le règne végétal, écrivait en 1829 M. Abel Rémusat[1], paraît très-« riche à la Chine ; et la botanique chinoise serait l'objet d'une étude « immense. Jusqu'ici, on n'a pu connaître qu'un nombre comparati-« vement assez peu considérable de plantes, que les missionnaires « ont envoyées en nature ou décrites dans leurs mémoires. » Si en Europe ce savant pouvait écrire ces paroles, c'est surtout ici qu'on en voit la justesse et la vérité ; mais à la condition de ne point se contenter d'un coup d'œil trop superficiel, d'une promenade faite sur l'îlot rocailleux de Hong-Kong ou dans la plaine monotone de Shang-Haï. C'est là cependant à peu près, avec les environs de la ville de Canton, le cercle restreint que nos modernes observateurs de la nature chinoise ont pris pour base unique de leurs découvertes. Je le sais, on a fouillé dans les papiers poudreux et les mémoires manuscrits que les envois faits jadis par nos anciens Pères de Pékin, membres du tribunal des mathématiques, et aussi les confiscations exercées plus tard sur la bibliothèque de l'ancienne maison professe, ont réunis à la bibliothèque impériale de Paris. Il y a là une richesse, un trésor inépuisable. Le nombre des volumes est tel que, au dire de celui qui, il y a quelques années, fut chargé par le gouvernement français d'en faire le classement, plusieurs salles leur sont exclusi-vement consacrées. Là, les traités d'histoire naturelle des Chinois ont été interrogés, et on y a rencontré des indications d'une « in-« finité d'autres » plantes, avec « des figures et des descriptions[2] » qui suffisent quelquefois pour fonder une détermination scientifique. Mais aussi que de fois, sans la vue de la plante vivante ou même des-séchée, sans les renseignements locaux sur les usages que l'on en tire encore aujourd'hui à la Chine, renseignements si précieux dans un pareil travail, « que de fois, » dis-je, « il est demeuré impossible aux « botanistes de résoudre bien des problèmes et de fixer bien des points restés obscurs. » Que de jugements hasardés, que d'erreurs involon-

---

[1] M. Abel Rémusat, *Nouveaux Mélanges asiatiques*, t. II, p. 165.
[2] M. Pauthier (*L'Univers pittoresque*), *Chine Moderne*, 1re partie, p. 364.

taires, qui contribuent à égarer le savant et à décourager le praticien habile, jaloux de doter son pays de la reproduction d'une espèce utile. Un exemple entre mille, où assurément ce n'est pas la science qui a manqué au traducteur, mais seulement le secours des ressources locales. M. Eugène Simon, membre de la société d'acclimatation, qu'un séjour de plusieurs années à Shang-Haï et un voyage au *Sse-Tchuen* ont mis à même de faire plusieurs envois utiles à la science, eut l'heureuse idée de profiter d'un article de la *Description de la Chine* du P. du Halde de la Compagnie de Jésus (médecine des Chinois, recettes, tome III, page 613 et suivantes), pour se guider dans ses recherches sur la cire du *Tchang-Pé-Là* que l'on recueille au *Sse-Tchuen* et dans plusieurs autres provinces ; en particulier dans celle du *Kiang-nan*. A son arrivée à Paris, il profita de l'honorable et utile concours de nos sinologues. On avait déjà traduit entre autres un passage du *Pen-Tsao-Kang-Mou*; *Tchang-Pou, Tchany ; Küen* 39, et l'on y lisait ces paroles :

« Dans les commencements, ils (les insectes à cire) sont gros « comme des grains de millet et de riz ; dès que le printemps est « venu, ils croissent peu à peu et *deviennent gros comme des œufs* « *de poule* » (sic)[1]. Or, *Pen-Tsao-Kang-Mou* dit : « deviennent gros « comme la graine du *Ki-Teou* » (mot à mot, tête de poule), c'est-à-dire comme les fruits d'une plante qui porte ce nom. On peut voir ce végétal mentionné avec figure dans un ouvrage d'agriculture composé par *Siu-Kouang-Ki*, le célèbre *colao*, fervent chrétien, qui vivait sous la dynastie des *Min*. Converti par le P. Mathieu Ricci, il fut, comme on le sait, par sa vertu autant que par sa science, la gloire du christianisme en Chine. Son livre est, je le sais, à la Bibliothèque impériale[2]. Les *Mémoires des missionnaires de Pékin*, de la Compagnie de Jésus, donnent également la description du Ki-Teou, mais plus en détail et plus complète[3]. Or, les fruits de cette plante sont gros à peu près comme un petit pois ; ils sont comestibles, répandus dans le commerce et connus ici de tout le monde[4]. On recommande même aux petits Chinois de n'en pas manger trop s'ils veulent grandir ; tout comme

[1] M. Stanislas Julien, de l'Institut. Nouveaux renseignements sur la culture des arbres à cire, extraits des auteurs chinois. — Voyez les comptes-rendus hebdomadaires des séances de l'Académie des sciences ; premier semestre, 1840, n° 15, 13 avril. — Voyez Pauthier (*L'Univers*. Asie, t. X). *Botanique Chinoise*, p. 640.

[2] Siu-kouang-ki. *Nang-tching-thsiouen-chou-kuien* 69.

[3] *Mémoires de Pékin*, t. III. *Notice des plantes chinoises*, p. 451 et suiv.

[4] J'ai pu me procurer quelques graines de *ki-teou* et vous les envoyer comme spécimen.

en France on dit aux enfants de ne pas manger beaucoup de sucreries parce qu'elles gâtent les dents. Qui ne voit que le patient éleveur des insectes à cire, à la lecture de ce document ainsi tronqué, peut se prendre de découragement en voyant ces petits vers travailler si artistement le sein de l'arbre pour en faire de la cire, et ne point atteindre la grosseur d'un œuf de poule. Sans doute, s'il persévère dans ses essais, il verra, comme je le pense, que, sous l'heureux climat de notre belle France, sans atteindre une pareille taille, ils réussissent à se reproduire ; mais pourvu toutefois que, n'ayant point cédé à ce qu'il croit une déception, il n'ait point jeté le manche après la cognée. Pour ma part, j'ai pu contribuer à donner asile aux arbustes à cire, pendant plusieurs mois, dans le jardin de notre maison Saint-Joseph, à Shang-Haï, dans la concession française, et à sauver leur existence compromise par un long voyage opéré sans soins depuis le *Sse-Tchuen* jusqu'à notre port. À tous égards, je serais vraiment fâché qu'ils vinssent à périr. Ils m'ont, du reste, servi à reconnaître que j'avais déjà rencontré le même arbuste, — qui n'est qu'un de ceux dont les *Tchang-Pé-Là* peuvent être les hôtes diligents, — et cela dans des quartiers de la province du *Kiang-nan* où l'on a oublié ou négligé sa culture pour en tirer la cire, et où cependant il conservait encore le nom significatif de *Pé-La-Tchou*.

On se fait peu l'idée, en France, des difficultés qu'il y a ici à réunir des renseignements précis d'histoire naturelle, bien qu'on puisse avoir quelques facilités de plus qu'à Paris pour l'interprétation et la traduction des flores chinoises, connues généralement sous le nom de *Pen-Tsao*. Ici, les connaissances botaniques et naturelles sont exclusivement resserrées dans le domaine privé d'un corps de métier, casernées dans un canton qui a le monopole de la récolte d'un ou de plusieurs simples, lesquels n'en sortent pas, si ce n'est hachés en petits morceaux jusqu'à être méconnaissables, toujours enveloppés d'ailleurs du mystère. Le teinturier a ses secrets, le médecin et le pharmacien ont les leurs ; le vernisseur ne fait ses préparations qu'à huis clos, et ainsi des autres. Enfin, le plus souvent, les praticiens les mieux disposés à vous livrer leur secret, sont fort ignorants de leur métier. D'où il résulte que celui qui veut recueillir des documents est placé presque toujours entre deux écueils inévitables : le silence ou le bavardage de ceux qu'il interroge. Ici, comme chez la plupart des orientaux, il ne manque pas de gens demi-instruits qui, peu soucieux de la vérité sur des faits dépourvus à leurs yeux de toute valeur, et très-préoccupés d'ailleurs de ne pas déplaire à l'étranger dont ils espèrent toujours quelques gratifications, répondent infailliblement à toutes les questions suivant le sens qu'ils supposent devoir être le plus satisfaisant pour l'interrogateur. On dirait vraiment une loi de la pauvre humanité depuis le mont Liban jusqu'à la grande muraille tartaro-chinoise. De là tant d'erreurs répandues sur ces contrées.

Le lettré chinois est, par excellence, un homme qui doit toujours pouvoir répondre pertinemment sur toutes sortes de choses qu'on lui demande, qu'il les sache ou non. Il inventera au besoin des récits qui, s'ils ne sont pas vrais, sont du moins croyables pour qui voyage en pays inconnu. Entre *Sien-sen* chinois, c'est même une coutume reçue, que celui qui surprend son interlocuteur en défaut ne le reprend jamais. Le pousser même par une question trop pressante à préciser son affirmation, et à la faire passer par le creuset de la comparaison avec elle-même dans ses différentes parties, est un manque de politesse, une grossièreté qu'un Européen seul peut se permettre. Sans cette qualité, qui sert ici, pour ainsi dire, de passe universelle, l'interlocuteur devrait approuver ce qu'il sait être inexact, et répondre : « Vous ne vous trompez pas ; » *Pou-tsouo ! Pou-tsouo !*

Ajoutez à cela, Mon Révérend Père, le soin de nombreuses chrétientés séparées entre elles par de grandes distances, et qui sont quelquefois d'un assez difficile accès pour forcer le missionnaire à simplifier son bagage, y compris sa chapelle ambulante, de telle sorte qu'un homme puisse le charger sur son dos. C'est ainsi qu'on m'a confié une vingtaine de paroisses que je dois administrer, préparer chaque année à la confession et à la communion pascale, et qu'il me faut parcourir sans cesse en tous sens, sans avoir l'avantage que la nature a fait à d'autres districts du *Kiang-nan*, d'être abordables en barque ou à cheval. Vous aurez maintenant l'idée de quelques-unes des difficultés qui s'opposent à ce que les missionnaires de la Compagnie de Jésus en Chine, moins nombreux et aussi moins dispos que leurs frères aînés, puissent se livrer à des observations scientifiques, météorologiques, géologiques ou autres, dans lesquelles ils ont un si beau passé. « Noblesse oblige », disait-on autrefois ; cela est vrai ; mais encore faut-il ne pas oublier l'adage : « A l'impossible nul n'est tenu. » On doit tenir compte de nos soixante-dix-huit ou quatre-vingt mille chrétiens, jetés sur un espace plus grand que les deux tiers de la France, et mélangés comme un heureux ferment au milieu d'une population païenne que le dénombrement de 1761, le plus exact et le plus récent[1], porte à quarante-cinq millions neuf cent

[1] Ce dénombrement s'étendit à tout l'empire chinois. Il fut exécuté avec le plus grand soin par ordre de l'empereur Kien-Long, la vingt-sixième année de son règne, qui correspond à l'année 1761. La dynastie tartare était alors dans toute sa splendeur.

vingt-deux mille quatre cent trente-neuf pour le seul *Kiang-nan*. Il faudrait dire même que ce chiffre, tout considérable qu'il paraît, est trop au-dessous de la vérité, si l'on veut tenir compte du mouvement ascensionnel de la population chinoise, constaté par la comparaison des précédents recensements, et du développement exubérant d'une population la plus féconde de l'univers, pendant l'espace de plus de quatre-vingt-dix ans de paix [1]. Tout cela doit nous apprendre à voler au plus nécessaire sans nous endormir dans les considérations ou les travaux du cabinet, tant que nous ne pourrons pas être plus nombreux ici. Voilà du moins ce qui me paraît être le vrai point de vue auquel doivent se placer ceux qui ont dit au monde : *Da mihi animas, cœtera tolle tibi !*

Ce n'est pas cependant, Mon Révérend Père, que je pense que le missionnaire chinois doit s'interdire tout travail scientifique; tout au contraire, comme il est nécessaire d'accorder à la nature quelque repos après le travail pour qu'elle n'en soit pas accablée, je crois qu'il pourra sans inconvénient, en ménageant bien son temps, ravir quelques instants à ses nombreuses et incessantes occupations, pour les consacrer avec fruit à la science. Le principal objet de son travail n'en souffrira pas, et çà et là, il charmera les ennuis des voyages au moyen de quelques observations d'autant plus exactes qu'elles s'appuieront sur des notions puisées à des sources variées et en des contrées diverses. Elles devront seulement demander plus de patience, de persévérance et de temps, et se restreindre dans certaines limites compatibles avec la grande maxime : *Non habemus hic manentem civitatem.*

Ceux de nos Pères qui possèdent des connaissances spéciales, n'ont donc pas à craindre de ne pouvoir les utiliser en Chine. Des religieux qui se livrent ensemble à quelque étude, ont ce grand avantage que, sans aucune susceptibilité de réputation, ils se communiqueront largement entre eux leurs propres observations, leurs petites découvertes; et, si quelque savant habile sait les coordonner, tous y gagneront en même temps que la science. Peut-être viendra-t-il un jour où je pourrai, ainsi que d'autres missionnaires, confier

---

[1] On ne peut objecter le grand nombre des morts occasionnées par la rebellion des *Taï-ping* ; car, quelque considérable qu'il ait été, il a dû être dépassé, ou au moins compensé, par l'accroissement de population qui a dû s'accumuler depuis 1761 jusqu'en 1865, et sans perte aucune, au moins jusqu'en 1852-53.

Voir sur cette question : *Description de la Chine* de l'abbé Grosier, première édition, p. 284. — La *China illustrata* du Père Athanase Kircher, in-folio, 1667. Pag. 167. — Plusieurs dissertations des *Mémoires de Péking*. — *Lettres édifiantes et curieuses*, etc., etc.

mes notes, pour être vérifiées et retouchées, à quelques membres de notre Compagnie, envoyés spécialement à la Chine afin d'y cultiver les sciences. Il nous serait si doux, ne fût-ce que par reconnaissance, de satisfaire aux demandes qu'on nous adresse sans cesse de France.

Peut-être ne sera-t-on pas fâché, à ce propos, de savoir comment le grand Colbert exprimait son opinion sur cette matière. En 1684, on s'occupait en France, par ordre de Louis XIV, de grands travaux géographiques. L'Académie royale des sciences, chargée de ce soin, avait envoyé des personnes habiles de son corps dans tous les ports de l'Océan et de la Méditerranée, en Angleterre, en Dane-mark, en Afrique et aux îles de l'Amérique, pour y faire les obser-vations nécessaires. On était plus embarrassé sur le choix des sujets qui seraient envoyés aux Indes et à la Chine, parce que ces pays étaient moins connus en France, et que MM. de l'Académie couraient risque de n'y être pas bien reçus et de donner ombrage aux étrangers dans l'exécution de leur dessein. « On jeta donc les yeux, dit le Père de Fontaney, sur les jésuites, qui ont des missions en tous ces pays-là, et dont la vocation est d'aller partout où ils espèrent faire plus de fruit pour le salut des âmes. Feu M. Colbert me fit l'honneur de me faire appeler avec M. Cassini, pour me communiquer ses vues. Ce sage ministre me dit ces paroles que je n'ai jamais oubliées : « Les « sciences, mon Père, ne méritent pas que vous preniez la peine de « passer les mers, et de vous réduire à vivre dans un autre monde, « éloignés de votre patrie et de vos amis. Mais, comme le désir de « convertir les infidèles et de gagner les âmes à Jésus-Christ porte « souvent vos Pères à entreprendre de pareils voyages, je souhaite-« rais qu'ils se servissent de l'occasion, et que *dans les temps où ils* « *ne sont pas si occupés à la prédication de l'Évangile*, ils fissent sur « les lieux quantité d'observations, qui nous manquent pour la per-« fection des sciences et des arts. »

Colbert ayant fait agréer son projet au roi, donna ordre de prépa-rer les instruments nécessaires pour un nombre considérable de mis-sionnaires qui devaient tous se rendre à la Chine, les uns par la Mos-covie et la Tartarie, les autres par la Syrie et la Perse, et les derniers par l'Océan, sur les vaisseaux de la Compagnie des Indes. Il voulut aussi pourvoir abondamment à leur voyage, aux frais de l'État. Mais la mort de ce grand ministre suspendit pour quelque temps l'exécution de ce beau dessein. Ce fut seulement deux ans après que le marquis de Louvois, qui venait de succéder à Colbert dans sa charge de surintendant des bâtiments et de directeur des sciences, arts et manufactures de France, demanda au supérieur des jésuites six reli-gieux habiles dans les mathématiques, pour les envoyer à Péking.

Le Père de Fontaney, qui avait enseigné huit ans les mathématiques dans notre collége de Paris, et qui depuis plus de vingt ans avait demandé avec instance, mais jusque-là toujours inutilement, les missions de la Chine et du Japon, fut choisi pour être le chef de cette expédition scientifico-religieuse. On lui adjoignit, choisis entre beaucoup d'autres jésuites qui demandèrent la même faveur, les Pères Tachard, Gerbillon, Le Comte, de Visdelou et Bouvet. Ce fut ainsi que les sciences valurent à la mission de Chine six excellents missionnaires, aussi connus par leurs travaux pour le salut des âmes que par leurs études scientifiques[1].

Avant de finir ces préambules, déjà trop longs, je me trouve poussé plus par nécessité que par modestie, et à meilleur titre que nos anciens missionnaires, à m'expliquer sur la nature de ce travail et de ceux qui pourraient le suivre. L'on ne peut oublier, en recevant nos petites dissertations, qu'on ne doit point les juger comme venant de savants que rien ne distrait de leurs études et de leurs livres, mais comme l'œuvre de pauvres missionnaires dévoués à un autre objet infiniment plus précieux et plus important. Ils demandent donc qu'on ait égard à leur position dans un pays tel que la Chine, position dont, on me permettra de le dire en connaissance de cause, on n'a pas généralement l'idée en Europe. Il faut songer qu'ils n'ont aucun des secours qui facilitent ces sortes d'études, en allègent le travail et mettent à même de remplir la tâche qu'on s'est imposée. Il faudrait qu'on nous jugeât non d'après ce qu'on voudrait de nous, mais d'après ce que nous sommes à portée d'exécuter sur une terre étrangère, dans l'absence presque complète de toute bibliothèque et l'impossibilité de recourir aux lumières des savants. Ici les recherches et les emprunts sont des plus difficiles; et le défaut seul de copistes double les ennuis et les fatigues d'une pareille tâche. Aussi nous a-t-il fallu un vif désir de satisfaire aux demandes si honorables qui nous sont adressées, pour nous faire passer par-dessus ces difficultés et tenter quelque chose malgré notre impuissance.

Pour en venir à notre sujet, aujourd'hui nous voudrions envisager tout un groupe de plantes cultivées à la Chine dans des conditions de terroir et de climat qui permettent de tout espérer pour les essais analogues pratiqués en France. Il s'agit des *teou*. Mais

---

[1] Voyez *Lettres édifiantes et curieuses*, et en particulier la *Lettre* du P. de Fontaney, S. J. au P. de La Chaise S. J., confesseur du roi, t. XXVII, p. 45, 46 et suivantes.

disons quelque chose tout d'abord sur ce que peut donner cette
étude telle que je vous la présente aujourd'hui. La pauvreté de
notre bibliothèque en fait de livres de botanique, et le peu de loisir
que m'ont laissé les occupations du ministère apostolique, m'ont
empêché de déterminer les espèces, au moins pour la plupart, selon
les règles de la science, comme je l'aurais vivement désiré. Il m'aurait fallu suivre, pour chacune des espèces de *téou*, leur floraison et
leur maturation, distinguer ce qui doit être pris dans cette multi-
tude énorme de plantes comme une variété, d'avec ce qui constitue
une espèce distincte. J'aurais dû les considérer attentivement, par
exemple dans un jardin où je les aurais trouvés réunis, analyser et
déterminer tous ceux qui ont pu déjà être connus et nommés çà et là
dans les nombreux voyages et dans les ouvrages scientifiques qui ont
paru sur la Chine, ou sur les pays voisins; pour les autres, rédiger
à plusieurs reprises la description botanique des différents âges de
chaque type. Il aurait fallu même renouveler cette détermination,
s'il était possible, en différents lieux, afin de dégager les caractères
génériques et spécifiques de la plante, de ceux dont elle est redevable
aux circonstances locales et accidentelles. Pour faire un travail qui
pût être utile à d'autres et me remettre moi-même sur la trace des
mêmes plantes, j'aurais dû, enfin, noter les localités et démêler, au
milieu de tous les noms divers et d'écriture souvent différente, les
signes vrais de la langue chinoise par lesquels il faut représenter
chaque plante.

Il n'est peut-être pas sans utilité de remarquer ici que, même dans
le *Pen-Tsao-Kang-Mou* et dans les autres ouvrages de botanique
chinoise, que quelques Européens veulent adopter exclusivement pour
en faire un tribunal sans appel, afin d'assigner un même caractère
graphique et un même nom à un objet quelconque, il y a souvent divergence, soit entre les différents auteurs chinois, soit entre
les parties d'un même recueil scientifique. De là peut-être tant de
contradictions et d'affirmations diverses chez les auteurs européens
qui ont traité le même sujet. Mais, ne l'oublions pas, taxer d'ignorance
celui qui ne s'accorderait pas avec nous en tout point, serait de l'ou-
trecuidance. Ajoutons que, pour couper court aux discussions, on a dû
condescendre le plus possible et donner la préférence à l'orthographe
que l'on a vue déjà employée dans quelque livre français, évitant toutefois un autre excès, celui de livrer la représentation des sons aux ca-
prices de tout le monde jusqu'à les rendre méconnaissables. Mais
ceci demande, je le sais, pour être compris, une certaine largeur d'i-
dées, ou bien que celui qui lit, n'ignore pas jusqu'aux premiers élé-
ments de la langue chinoise et ne s'astreigne point à un dictionnaire

unique irréfragable. Ici, je retournerais volontiers le proverbe :
Timeo hominem unius libri!

Une chose que l'on ne sait pas toujours assez, c'est qu'il est telle plante
de tel recueil, qui porte telle appellation chinoise, sans être la même qui
s'appelle et s'écrit du même nom dans tel autre ouvrage ou dans telle
autre province de l'empire, et sans qu'on puisse lui assigner un autre
nom. Je pourrais, si on le désirait, en fournir maint exemple. Les
Chinois d'ailleurs sont peu riches en termes généraux, et ils sont
quelquefois malheureux dans leur emploi. On rapproche sous un même
nom des simples qui sont dans la nature très-éloignés les uns des
autres. Il suffit qu'ils aient quelque usage analogue dans la médecine
chinoise ou dans le port extérieur examiné à vue de pays, pour qu'on
se permette de les assimiler. Ceci, du reste, était notre errement à
nous aussi en Europe, avant les beaux travaux de classification de
Linné, avant ceux des Jussieu et des autres qui ont tant fait et font
encore tant d'efforts pour arriver à une classification naturelle. Alors
aussi en France n'étaient pas des ignorants tous ceux qui, faute d'un
mot encore à créer, se servaient du nom vulgaire pour décrire une
plante. Ils étaient facilement justifiés, car ils se proposaient de la rendre reconnaissable à d'autres, afin d'en tirer le profit qu'elle pouvait donner.

Nous acceptons bien volontiers du reste, pour nos plantes, les noms
scientifiques que les savants voudront bien leur donner; nous nous
ferons corriger par eux dans nos déterminations des plantes qui peuvent être déjà connues, et nous offrirons à leurs travaux notre faible
concours en envoyant, nous l'espérons du moins, des collections
d'herbiers en France et en Hollande. Ce courrier portera déjà à Paris
quelques cahiers comme prémices. Ce serait un grand soulagement
à notre travail, si nos savants d'Europe voulaient bien faire la description scientifique des plantes et les nommer à mesure que nous
les enverrons. Cela nous donnerait peut-être le moyen de rendre
quelque service à la flore générale, et aussi, ce qui nous réjouirait
surtout, à notre pays.

Ici, mon Révérend Père, j'ai à vous remercier de l'envoi que
vous avez bien voulu nous faire de quelques ouvrages scientifiques;
et autant que la somme dont on pourra disposer pour cela le permettra, je vous prie de vouloir bien encore à l'avenir nous faire par-
venir ceux dont nous vous avons fait passer les titres. Il ne peut
échapper à personne, en effet, combien l'absence des livres scientifiques qui ont paru sur la Chine, quelque incomplets qu'ils soient généralement, nous expose cependant à faire des découvertes déjà faites
beaucoup mieux par d'autres. Il eût été pour nous encore d'un plus

grand avantage de profiter des ouvrages imprimés et manuscrits des anciens missionnaires de la Compagnie de Jésus, où peuvent être traités les mêmes sujets. Les malheurs des temps et d'autres circonstances qu'il est inutile d'énumérer ici, nous en ont privés en grande partie. Pour ce qui est des manuscrits, ils sont devenus généralement introuvables; mais il n'en est pas de même d'un bon nombre de notes sur les plantes chinoises, publiées par le P. Michel Boym, les PP. d'Incarville et Cibot, le P. Amiot et le P. de Mailla, les PP. Lecomte et Jartoux, Noël et d'Entrecolles, le P. G. Camellus et plusieurs autres botanistes qui se sont rencontrés parmi les Pères missionnaires de notre Compagnie, en Chine et au Japon : la plus grande partie de ces notes m'a manqué jusqu'à ce jour. Je n'ai pu avoir non plus entre les mains aucune des observations botaniques faites par les frères coadjuteurs jésuites qui accompagnaient les Pères en qualité de chirurgiens, pharmaciens, naturalistes, et dont les principaux furent les FF. Frapperie, Rhodes, Paramino, Costa et Rousset[1].

Il y a sans doute chez eux une mine presque inépuisable de documents, particulièrement sur les applications pratiques et sur les plantes utiles à introduire en Europe. Et il serait fâcheux qu'un jésuite, sur un pareil terrain, se laissât dépasser par le plus grand nombre des auteurs qui parlent de la Chine, quelquefois, il est vrai, sans citer les sources. Voici, du reste, un jugement que l'on ne soupçonnera pas de partialité : c'est celui de M. Abel Rémusat, cité par M. Pauthier dans sa Chine moderne :

« Quoique la botanique chinoise ait fait des progrès depuis trente
« ans, néanmoins aucun ouvrage n'est à cet égard aussi exact et
« aussi intéressant que la *Description générale* de l'abbé Grosier.
« La partie botanique est rédigée avec beaucoup de soin, et contient
« suivant M. Abel Rémusat l'extrait de ce que le P. Cibot a donné
« de mieux sur cette matière, comparé avec les descriptions de Lou-
« reiro, de Thunberg et de quelques autres botanistes[2]. » Ce témoignage est assez explicite, puisque l'on sait assez que le travail de l'abbé Grosier, comme il le dit lui-même quelque part, n'a été qu'un remaniement des observations des missionnaires, dont il avait recueilli les manuscrits après la suppression de la Compagnie de Jésus.

[1] Voyez les *Mémoires de Péking* et aussi le volume treizième, supplément de l'*Histoire de la Chine*, du P. de Mailla, ou *Description générale de la Chine*, par l'abbé Grosier, p. 418 entre autres.

[2] Voyez M. Abel Rémusat. *Nouveaux Mélanges asiatiques*, t. I, p. 299. — M. Pauthier. *Chine moderne*, première partie, p. 564.

Nos Pères, à la cour de Péking, ont eu ce grand avantage de puiser largement dans les documents désormais introuvables de la magnifique bibliothèque du palais impérial, et de faire la traduction, ayant le plus souvent sous les yeux les plantes dont ils parlaient. Ils possédaient à fond la langue chinoise. Quant à la connaissance de la botanique et des autres sciences naturelles, ils ont eu celle de leur temps, et quelquefois ils ont contribué à faire avancer la science.

Du reste, c'est là un mérite généralement reconnu par les gens sérieux et consciencieux qui ont pu vérifier sur les lieux la valeur de leurs indications. Plus d'une fois, nous disait un personnage distingué, j'ai eu occasion de constater que l'une des choses les plus nécessaires pour publier un livre sur la Chine, est de se munir chez quelque bouquiniste d'un Du Halde, des *Mémoires de Péking*, d'un de Mailla, d'un Kircher, ou de quelque autre ouvrage des anciens missionnaires, dans lequel on peut de nos jours faire largement les coupures avec d'autant plus de sûreté de conscience que l'ouvrage est plus volumineux. La vérification des assertions des missionnaires, qui leur a confirmé la réputation d'exactitude que quelques-uns voulaient leur contester, est un des résultats les plus pacifiques de l'expédition franco-anglaise, dirigée si glorieusement, pour la France, par le général de Montauban duc de Palicao, et soutenue par les rapports diplomatiques de Son Excellence le Baron Gros, notre Ministre plénipotentiaire en l'Extrême-Orient.

Les Chinois donnent le nom de *téou* 豆 non-seulement aux haricots [Phaseolus (Linné)] ; mais encore aux Soja (Mœnch), aux Doliques [Dolichos (Gærtner-Linné)], aux Lablab (Adanson), aux Fèves [Faba (Tournefort-Adanson)], aux Vesces [Vicia (Koch-Rivinus)], aux petits pois [Pisum (Tournefort-Linné)], de la famille des légumineuses [Leguminosæ (de Jussieu)], de la sous-famille des papilionacées [Papilionaceæ (Linné)], de la tribu des Phaséolées [Phaseoleæ (Bentham)] et de celle des Viciées [Vicieæ (de Candolle)], et très-probablement à plusieurs plantes ou groupes de plantes congénères ou voisines. En général, le mot *téou* désigne toute espèce de légumineuse dont les graines ou les gousses, et quelquefois les unes et les autres, sont comestibles aux hommes ou aux animaux. C'est au moins le sens de ce mot, tel qu'il me paraît résulter de la lecture comparée des différents *Pen-tsao* chinois et des ouvrages d'agriculture de la même nation, qui sont tombés entre mes mains depuis mon séjour en Chine. Assurément, jusqu'ici j'ai rencontré, mentionnés dans les livres ou cultivés dans les champs, un nombre énorme d'espèces de *téou*; et cependant, elles sont si nombreuses que je crois pouvoir affirmer ne connaître qu'une bien faible partie de toutes les espèces et variétés cultivées dans l'étendue de l'empire.

Pour établir quelque ordre dans le classement de ceux qui me sont le plus connus et dont j'aurai l'occasion de parler, je proposerai la division suivante, comme celle qui me paraît la plus facile et la plus naturelle, en attendant qu'on ait fait la description botanique complète de ces plantes :

I. Les Tao-téou 刀荳

II. Les Pien-téou 稨荳

III. Les Kiang-téou 豇荳

IV. Les Tchy-téou 赤荳

V. Les Lo-téou 綠荳

VI. Les Ta-pien-téou 踏扁荳

VII. Les Mào-téou 毛荳

VIII. Les Tsang-téou 蠶荳

PREMIÈRE SECTION.

Les *Tao-téou* 刀荳

Loureiro, dans sa *Flora cochinchinensis* (Édit. de Willdenow, p. 531), en fait mention. C'est un dolique, suivant cet auteur, et c'est le *Dolichos ensiformis* que Thunberg, dans sa *Flora japonica*, et Rumph, dans sa *Flore d'Amboine*, auraient déjà décrit. C'est un Lablab (Adanson), suivant l'index du jardin botanique de Naples (1845), qui suit en cela De Candolle. Les deux genres, du reste, sont encore confondus en un seul chez bon nombre d'auteurs. Je le trouve encore mentionné dans la *Chinese Chrestomaty*, du docteur E. C. Bridgman (Botany, sect. 4, n° 11, p. 447), sous le nom de *Ensiform bean*. A ne considérer que l'étymologie (δολιχος, allongé), assurément on pourrait le laisser parmi les doliques. C'est une phaséolée à tige très-allongée, puisqu'elle peut atteindre de dix à quinze mètres de longueur dans une même année. Mais les botanistes de nos jours ne sont pas toujours si esclaves de la racine grecque ; ils en abusent même quelquefois en donnant des noms complétement vides du sens qu'ils ont dans leur langue primitive ; je préfère rais pourtant, avec eux, classer le *Tao-téou* dans le genre Lablab (Adanson) et le séparer ainsi des autres doliques, parmi lesquels il ferait, par ses caractères botaniques, pour ainsi dire bande à part, si on le mettait en communauté de genre. Quant à son épithète, il est tout à fait bien nommé ensiforme, ce qui est la traduction du mot chinois *Tao*; car sa gousse a tout à fait la forme d'un couteau, ou mieux de la gaîne d'une espèce de sabre chinois; elle en a même à peu près la longueur, surtout dans la variété japonaise.

Le *Tao-téou* présente, en effet, deux variétés, peut-être même deux espèces, à la Chine et au Japon : on en trouve une au Japon dont les graines, en 1860, nous furent apportées directement par M. de Rivierre, officier de la marine française, qui faisait alors partie de l'état-major du regrettable amiral Protet, dont tout le monde connaît la mort glorieuse. Cette plante se distingue par sa taille colossale et sa beauté comme tige grimpante; mais elle craint les froids prématurés de l'automne et arrive difficilement à mûrir ses fruits avant les gelées, si l'on n'a pris soin de la faire germer un peu tôt et de la placer en bonne exposition. En France, on pourrait peut-être la semer en serre tempérée et la planter ensuite en pleine terre, aux premiers beaux jours, afin qu'elle puisse prendre son développement complet. Du reste, avant sa maturité on peut employer ses gousses à faire d'excellentes confitures; et il suffirait de pourvoir à la conservation de l'espèce, au moyen des fleurs premières écloses qu'on ménagerait pour cela.

L'autre *Tao-téou* nous vient, dit-on, originairement du *Fo-kien*; mais il se sème dans le *Kiang-nam*, et Sin-kouang-ki le donne comme répandu par toute la Chine. Il est de proportions beaucoup plus rabougries dans toutes ses parties. Son haricot est beaucoup moins plein que celui du précédent; de là viennent sans doute les rides et les plis qui se voient ordinairement sur son épicarpe.

Comme le *Lablab ensiforme* est assez connu par les descriptions botaniques qui en ont été faites, je donnerai seulement une idée de ce qu'en disent les auteurs chinois. Le *Pen-tsao-kang-mou* en présente une figure qui paraît plutôt convenir à l'espèce que nous appelons du *Fo-kien* qu'à celle du Japon; il en est de même de celle que donne l'ouvrage *Noug-tching-thsiouen-chou*, bien qu'elle puisse un peu mieux en être rapprochée. « Le *Tao-téou*, dit le *Pen-tsao-py-yao*, est adoucissant, il n'est ni chaud ni froid, il agit sur le milieu du corps [1]. On le prescrit dans les maladies contre les

---

[1] Dans la médecine chinoise les remèdes sont distribués comme agissant, les uns sur le haut du corps humain, les autres sur les viscères et sur le milieu du

hoquets et les vomissements, et pour cela on l'emploie cuit et re-
froidi. Il est meilleur pour cet usage que le calice du *Diospyros
kaki*. » A ces propriétés médicales, le *Pen-tsao-tsum-sin* n'ajoute
rien de bien significatif ; il dit seulement que c'est un remède oublié
et qui ne mériterait pas de l'être. Il paraît, du moins par l'usage
qu'en font ici les gens du peuple, qu'il a repris un peu sa vogue.
Enfin, suivant Sin-kouang-ki, les tiges et les feuilles en sont comestibles en épinards, lorsqu'elles sont encore tendres, pourvu
qu'on les fasse cuire à deux eaux ; ses haricots peuvent faire de la
farine.

DEUXIÈME SECTION.

Les Pien-téou 萹豆

Les *Pien-téou* botaniquement sont encore des doliques ; nous
signalerons les espèces qui, à notre connaissance, ont déjà été étu-
diées ; mais auparavant, nous remarquerons une divergence d'écriture du nom chez les différents auteurs chinois ; et pourtant ils en
font mention en termes qui ne permettent pas de supposer qu'il s'agit
de deux sortes de plantes. L'écriture que nous avons adoptée ici est
celle qu'admettent le *Pen-tsao-kang-mou*, le *Pen-tsao-tsuna-sin*, et
la *Chinese Chrestomaty* du docteur Bridgman (*Botany*, sect. 4,
n° 10, p. 447), qui donne pour synonyme du nom chinois le nom
Broad-bean, c'est-à-dire *haricot large*. Le *Tsa-tsé-pou*, qui est un
livre d'usage universel à la Chine, et qui peut faire foi, puisqu'il a
pour but d'enseigner la vraie écriture de toutes les choses usuelles,
est aussi du même sentiment que nous. Cependant la plupart des mar-
chands qui vendent les *Pien-téou* écrivent leur nom plus simplement
扁豆 Ils ont pour eux le *Pen-tsao-py-yao* et le *Noug-tching-
thsiouen-chou*. Toutefois, je crois que c'est là seulement une
abréviation, puisque, comme on le peut remarquer, la seconde
écriture n'est qu'une partie intégrante de la première. Gramma-
ticalement, le caractère 萹 satisfait beaucoup mieux aux exi-
gences du génie de la langue chinoise, parce qu'il présente, comme
signe graphique, l'idée tout entière du second, non plus générale
et exprimée seulement par un simple adjectif, mais encore con-

corps, et enfin les autres sur la partie inférieure du corps humain. — Nous aver-
tissons ici que, pour abréger et ne pas tomber dans les redites ou dans les pué-
rilités systématiques de la médecine chinoise, nous ne prendrons dans ses livres
que ce qui paraît être le fruit de l'observation, et sans nous astreindre à relater
plusieurs fois les assertions identiques de divers auteurs.

crétée et rendue par un adjectif appellatif. J'explique ma pensée ;
cela pourra servir à ceux qui ne connaissent pas le chinois, pour avoir
quelque idée de la richesse d'expression qui se rencontre dans un seul
de ses signes. De même que le français est le langage de l'ordre logi-
que des mots, ce qui en a fait la langue vivante la plus claire de l'u-
nivers, de même le chinois est le langage le plus concret. Ce mot seul,
rendre sa pensée de la manière la plus concrète possible, renferme
toute sa syntaxe et est en même temps le secret, pour celui qui veut
le parler correctement, d'arriver à penser en chinois. Faisons l'analyse
du caractère qui nous occupe : le signe 扁 exprime l'idée d'une
chose comprimée, aplatie, plus longue que large ; ajoutez-y le signe
de l'herbe 艸 qui a pour écriture de composition la forme 艹,
cette chose sera une plante, ou le fruit, ou une partie de végétal ;
enfin, rendez votre idée encore plus concrète en lui adjoignant la
clef des moissons et des graines comestibles 禾, et vous aurez en
un seul caractère 穯 un mot appellatif, un petit portrait de la
plante qui nous occupe. Pour le son, il restera le même phonéti-
quement avec celui du premier signe intégrant ; et le composé
s'appellera encore d'une seule émission de voix *Pien*. Sans rien
exagérer, nous pouvons affirmer que beaucoup de caractères chinois pourraient subir cette épreuve. La langue chinoise étant une
des plus anciennes de l'univers, on doit, en effet, s'attendre à ce
qu'elle conserve, à l'instar de l'hébreu, un grand nombre d'appel-
lations notionnelles des choses. Ceci fait concevoir facilement quelle
difficulté il doit y avoir à traduire mot pour mot les chefs-d'œuvre
de la littérature chinoise. C'est pour l'avoir oublié, disons-le en
passant, que plusieurs traducteurs modernes se sont trompés en
accusant leurs prédécesseurs de n'avoir fait que des paraphrases.
Voulant faire du neuf, ils ont dû, pour être compris, mettre, pour
ainsi dire, en note de chaque mot, au bas de la page, la traduction
du latin en français de ces prétendues additions dont ils voulaient
s'affranchir. Les allusions historiques et mythologiques devaient encore rendre cela plus nécessaire. Mais cette digression nous fait trop
sortir de notre sujet et nous pourrions trop facilement coudoyer
quelqu'un contre notre intention. Suivant le conseil du poète : *Paulo
majora canamus*.

Les haricots *Pien-téou* présentent un grand nombre de variétés et
plusieurs espèces différentes. Ils peuvent tous être semés comme
plantes d'ornement, pour couvrir les treillages, les grilles, les ton-
nelles des jardins ; car ils ont tout l'été de fort beaux épis de fleurs

et une abondante verdure. Ils sont aussi une bonne plante alimen-
taire, car ils donnent abondamment un excellent légume fort tendre,
soit qu'on le mange en vert avec ses gousses, soit qu'on le dépouille
de son enveloppe. Ils ont un parfum légèrement musqué, plus ou
moins fort, suivant les différentes espèces, mais auquel le goût se
fait très-facilement jusqu'à les préférer aux autres phaséolées qui
sont entièrement dépourvues de cet arôme. Ils procurent ainsi une
nourriture très-saine et très-convenable au peuple, puisque quelques
pieds, placés sur le pas de la porte, suffisent pour fournir un plat
quotidien à une nombreuse famille pendant plusieurs mois de l'année. Si l'on veut ainsi les faire produire beaucoup, surtout si la séche-
resse est grande, ils demandent à être arrosés de temps en temps.

Le groupe des *pien-téou* renferme les plantes suivantes :

1° Tsè-hue-pien-téou 紫血藊豆

2° Tse-pien-téou 紫藊豆

3° Hong-pien-téou 紅藊豆

4° Fang-py-pien-téou 蚄皮藊豆

5° Tchu-yeou-pien-téou (2 variétés) 猪油藊豆

6° Pe-pien-téou 白藊豆

7° Long-tchao-pien-téou 龍爪藊豆

1° Le *Tse-hue-pien-téou* est lavé, sur sa tige, ses feuilles, ses
gousses, d'une teinte sanglante toute particulière qui lui vaut son
nom. (*Tse-hue* signifie violet-sanguinolent.)

C'est le *Dolichos purpureus* de Loureiro et de Burman.

2° Le *Tse-pien-téou*, peu différent du précédent, a sa fleur, sa
tige et son fruit dépourvus de ces taches sanglantes qui paraissent
assez constantes dans l'espèce précédente. Une observation plus
attentive pourra décider s'ils doivent être confondus en une même
espèce botanique, ou considérés comme deux variétés d'une
même plante. Loureiro et Burman paraissent les confondre en
une seule plante ; ou du moins Loureiro en citant Burman donne,
sous le nom de *Dolichos purpureus*, les caractères du Dolichos
Tse-hue-pien-téou, avec le nom chinois *Tsu-pien-téu* ; nom qui dif-
fère doublement de celui que je propose. La première différence paraît venir de l'idiome cantonnais, celui que devait parler Loureiro,
comme le prouve maint endroit de son ouvrage, et en particulier l'indication des localités de toutes les plantes chinoises

qu'il décrit ; c'est même ce qui rend son livre d'une lecture un peu difficile. L'autre différence vient peut-être d'une faute d'accent commise dans la transcription. Ce qui me porterait à le croire, c'est le grand nombre d'autorités que j'ai pu rencontrer pour l'écriture que j'ai adoptée ; cependant je n'ose prononcer, n'ayant pas l'évidence pour moi. Ce qui, dans Loureiro, laisse beaucoup à désirer, c'est l'absence totale des signes graphiques chinois ; car, quoi que l'on en dise, la transcription faite en écriture européenne, même accompagnée de signes et d'accents[1], quelque bien combinés qu'ils soient, ne pourra jamais remplacer la vue du caractère, ou l'audition du mot prononcé par un Chinois.

3° Le *Hong-pien-téou* est peu différent du précédent.

4° Le *Fang-py-pien-téou* est ainsi nommé à cause de sa forme.

Le *Fang-py* est un petit poisson qui vit dans les canaux d'eau douce. Il a la tête très-petite par rapport au corps ; le corps est arrondi, plat et, dans les poissons de cette espèce que l'on prend ordinairement, grand comme une piastre mexicaine. Les plus gros, m'ont dit des pêcheurs, n'atteignent pas en poids un tiers de livre : la queue du poisson est assez courte et se termine brusquement.

Le dolique *Fang-py-pien-téou* aurait cette forme.

J'envoie en France des graines de cette espèce ; mais j'avouerai ingénument que je les crois mélangées avec celles d'autres espèces de *pien-téou* mentionnées ci-dessus. Je m'en suis aperçu trop tard pour pouvoir, cette année, m'en procurer d'autres.

5° Le *Tchu-yeou-pien-téou*, ou dolique *graisse de porc* ; la gousse en est blanche, la graine noirâtre et la fleur colorée. La collection que j'envoie à son Excellence le maréchal Vaillant en renferme deux variétés. Les gousses sont beaucoup plus étroites et beaucoup plus resserrées que les précédentes ; elles ont aussi une pointe recourbée, quasi en forme d'hameçon.

6° Les *Pé-pien-téou* ont les fleurs et la gousse blanches, comme l'indique leur nom ; la graine est de la même couleur. C'est le *Dolichos albus* de Loureiro ; le *Cacara alba* de Rumph, selon le savant botaniste missionnaire. Ceux des espèces précédentes qui ont la gousse blanche reçoivent quelquefois improprement, chez le vulgaire, le nom de *pe-pien-téou* ; et ceux qui nous occupent s'ap-

---

[1] La transcription porte des signes et des accents dans le manuscrit du R. P. d'Argy. Pour les reproduire dans le texte imprimé, il eût fallu des caractères spéciaux, comme ceux que l'on a fondus récemment pour la Cochinchine française. (N. de la R.)

pellent alors, avec redoublement, *pe-pe-pien-téou*, c'est-à-dire doliques entièrement blancs. Le *Pen-tsao-kang-mou* paraît sous-
crire au nom générique ainsi donné, et c'est pour cela sans doute
qu'il dit que les *Pe-pien-téou* varient à l'infini. La remarque mé-
dicale que je vais faire s'applique ainsi, peut-être, au *Pe-pien-téou*
pris en ce sens général, mais elle convient plus particulièrement au
Pe-pe-pien-téou.

Selon le *Pen-tsao-py-yao*, le *Pe-pien-téou* peut s'employer comme
remède des coups de soleil, si fréquents en Chine, de la dyssen-
terie et de plusieurs autres maladies de l'intestin. On s'en sert aussi
pour chasser les fumées enivrantes de la bière de riz ; mais par-dessus tout on l'emploie comme contre-poison de l'arsenic et du trop
célèbre poisson *ho-tun* 河豚. C'est une chose fort curieuse que
ce poisson singulier, nommé le *petit cochon des rivières*, vivant à
la fois dans la mer et dans les canaux et rivières qui y aboutissent,
revêtu, en guise d'écailles, d'une espèce d'épines courtes, assez sem-
blables à un poil hérissé, qui le couvrent dans toutes ses parties. Il
présente aux gourmets l'appât d'une chair très-succulente ; mais
en même temps le poison le plus violent et le plus prompt, si
le cuisinier ne l'a pas préparé de la seule manière qui le rende
comestible. Aussi, est-il des quartiers où une populace affamée
ne se soucie pas de recueillir ces poissons, et où les pêcheurs, à mesure qu'ils les reconnaissent, les rejettent hors du filet. Dans d'autres
localités, au contraire, on brave le danger sur la confiance que
l'on a de savoir dans le pays la vraie préparation du *ho-tun*. Toutefois, il n'est pas d'année où l'on ne signale quelque accident. On est,
du reste, bientôt averti des effets du venin : tout le corps enfle pro-
digieusement, et dans les vingt-quatre heures la corruption du sang,
si l'on n'emploie convenablement le contre-poison, est complète et
sans remède. Les plus gros de ces poissons curieux atteignent ordinairement trois ou quatre livres ; ils sont si nombreux, que dans
beaucoup d'endroits on peut en prendre en quelques heures plusieurs centaines, plusieurs milliers de livres.

7° Le *Long-tchao-pien-téou*, que l'on nomme aussi *Ki-kia-pien-téou*
鷄腳稨豆. C'est encore un dolique, mais décidément d'une
espèce botanique bien distincte des voisines. Il a une gousse pro-
portionnellement plus longue et terminée par une pointe recourbée,
tout différemment des autres, avec lesquels il conserve cependant
une vraie parenté. Il a ordinairement cinq fleurs fertiles sur la
même hampe ; et comme cette hampe est dressée et courte, et que
les gousses, avec leurs pointes, s'échelonnent tout autour à peu

près comme les cinq doigts et les cinq griffes d'un animal, l'imagination de nos Chinois y a vu les griffes d'un dragon ; de là le nom qu'ils lui donnent.

Le dragon joue un rôle très-important dans le symbolisme et la fable de nos contrées. Ce n'est assurément pas la dernière fois que j'aurai, si je puis donner suite à mon plan de vous faire connaître la flore de Chine, occasion de trouver les vestiges du dragon dans les plantes, les arbres, les fleurs et même les minéraux. Le dragon est essentiellement l'emblême de la puissance ; il est le roi des animaux dont il retrace les principaux caractères extérieurs, et c'est peut-être comme Fils du Ciel que le potentat de la Chine, devant commander à toute la terre, à tous les peuples et à tous les êtres de la création, — suivant l'idée que s'en forment les Chinois, — porte l'emblême du dragon sur ses habits impériaux et sur ses étendards. Au demeurant, pour vous faire l'idée du dragon chinois, si vous n'en avez pas la représentation exacte sous la main, prenez un animal ayant les cornes du cerf, les oreilles du bœuf, la tête du chameau, le cou du serpent, les pattes du tigre, les griffes du vautour et les écailles d'un poisson : vous aurez ainsi le type, aussi raisonnable que possible, de cet être fabuleux. Les Chinois distinguent encore des dragons de plusieurs sortes, l'un qui est tel de sa nature, l'autre qui, par une transmutation de serpent ou de poisson qu'il était, est devenu dragon. Enfin, il en est un que l'on rencontre à chaque pas sur la façade opposée à l'entrée des pagodes. Celui-là est un dragon-cheval de huit pieds de long, à crinière et à queue de serpent, à gueule mugissante menaçant d'engloutir les hommes. Les Chinois voient l'empreinte du dragon partout dans la nature, et, le plus souvent, avec cette idée qu'il porte malheur. Ils le redoutent. Hélas ! pauvres gens ! combien parmi eux, au sortir de cette terre de douleur, pourront reconnaître cette bête hideuse, ce serpent transformé en dragon, ennemi des hommes, que leur imagination orientale leur avait fait concevoir, ou que leurs yeux avaient pu fixer dès cette vie, dans les fréquentes apparitions qu'en ces contrées païennes le démon prodigue à ses dévots adorateurs. Croyez-le, les Chinois païens n'ont en cela rien à apprendre de nos évocateurs d'esprits, ni des spirites aux tables tournantes.

C. D'ARGY.

PARIS. — IMPR. V. GOUPY ET COMP⁰, RUE GARANCIÈRE, 5.